BEI GRIN MACHT SICH IHR WISSEN BEZAHLT

- Wir veröffentlichen Ihre Hausarbeit, Bachelor- und Masterarbeit

- Ihr eigenes eBook und Buch - weltweit in allen wichtigen Shops

- Verdienen Sie an jedem Verkauf

Jetzt bei www.GRIN.com hochladen und kostenlos publizieren

Bibliografische Information der Deutschen Nationalbibliothek:

Die Deutsche Bibliothek verzeichnet diese Publikation in der Deutschen National-
bibliografie; detaillierte bibliografische Daten sind im Internet über http://dnb.d-
nb.de/ abrufbar.

Impressum:

Copyright © 2016 GRIN Verlag, Open Publishing GmbH
Druck und Bindung: Books on Demand GmbH, Norderstedt Germany
ISBN: 9783668213418

Michael Dienst

Das kinematische Versprechen biologischer Komplexgetriebe

Beitrag zum kinematischen Konzept der CARPO-Finne

GRIN Verlag

Das kinematische Versprechen biologischer Komplexgetriebe

Beitrag zum kinematischen Konzept der CARPO-Finne.

BIONIC RESEARCH UNIT der Beuth Hochschule Berlin
Michael Dienst
Berlin im Mai 2016

Erste Überlegungen zu gelenkigen Tragflügeln

Beginnen wir mit einer kleinen Bastelarbeit. Halten Sie einen fair gehandelten Apfel aus Ihrer Region bereit. Falls sie kein Obst mögen, reicht es mit ein wenig Phantasie aus, das alles affirmativ und nur in Gedanken zu tun. Aus fester Pappe werden zunächst drei Testobjekte ausgeschnitten. Die Testobjekte sollten so gestaltet sein, dass die kleinen Probenkörper an ihrem unteren Ende gut mit zwei Fingern festhalten können (Abb.001: unten links im Bild).

Jedes dieser Objekte bildet ein flächenhaftes, gegabeltes Oberflächensystem aus. Sie könnten jetzt damit rumwedeln oder ein paar Büroklammern auf der Tragfläche balancieren. An den gestrichelten Linien wird ein Biegefalz angebracht. Knicken Sie die beiden Fingerchen des linken gabelförmigen Objekts parallel zur Grundlinie: ein Klappengelenk entsteht. Die Gelengebenen der beiden gelenkigen Laschen liegen in einer gemeinsamen Achse.

Beim mittleren Objekt ist das anders. Schon beim Herstellen der Biegefalz merken Sie, dass etwas nicht stimmt. Die Achsen der Gelenkebenen besitzen einen gemeinsamen Schnittpunkt, der (so etwa) auf der Symmetrieachse des Pappobjekts liegt, aber: wenn Sie nun die beiden Flächen gemeinsam nach hinten wegdrücken, beobachten Sie eine „räumliche Spreiz-Bewegung".

Beim rechten Pappobjekt führt die gemeinsame Knickbewegung der beiden Papplaschen auf eine „räumliche Kontraktion"; die Modellfinger arbeiten quasi gegen die Fugen an, berühren sich an den Laschen-Enden. Arbeitsergebnis dieser ersten Untersuchung des kinematischen Konzepts einer CARPO-Finne ist die Betrachtung des Spreizens und des Beugens der Papp-Laschen. Die räumliche Bewegung entsteht, wenn sie die Finger gemeinsam mit einer leichten gleichgerichteten Kraft beaufschlagen.

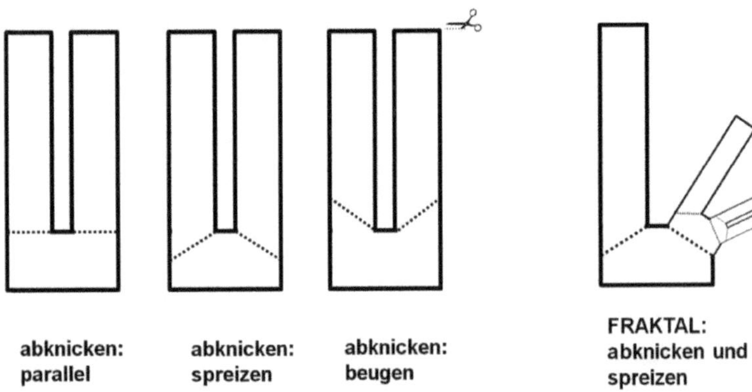

Abb.1 und Abb.2: : Testobjekte aus Pappe.

Denken Sie sich nun eine „Kopier-Verschiebe-Verkleinerungs-Maschine" aus. Und wenden Sie dieses „fraktale Prinzip" auf das Mittlere ihrer Pappobjekte an. Wieder schneiden Sie diese „lustige Papphand" aus und beobachten was passiert, wenn das nunmehr „aufgefingerte System" mit einer Schar kleiner Kräfte kollektiv und in gemeinsamer Richtung beaufschlagt wird. Versteckt unter einer gemeinsamen Membran würde das System aus Papplaschen eine sich räumlich auswölbende Tragfläche bilden: Spreizen! Diese (gegebenenfalls fiktive) Beobachtung ist das Arbeitsergebnis der zweiten Etappe unseres kleinen Experiments.

Beugen und Spreizen. In Gedanken bringen Sie nun wieder die „Kopier-Verschiebe-Verkleinerungs-Maschine" in Funktion und wenden das „fraktale Prinzip" auf die dritte Pappfigur an; Sie wissen, das ist das Objekt, an dem Sie das Beugen der Finger experimentell nachgestellt haben. Denken sie bitte an die Membran und beaufschlagen Sie die Tragfläche mit einer Schar gemeinsamer Kräfte. Sie sehen jetzt: Die gesamte Struktur gibt räumlich etwas nach (Canting); das liegt an den beweglichen Gelenken der Tragfläche. Gleichzeitig arbeiten die Fingerchen wieder gegen die Fugen in der Tragfläche an. Das System beult!

Michael Dienst, BIONIC RESEARCH UNIT Berlin, im Mai 2016

Bevor Sie nun in den Apfel beißen, fasse ich das Arbeitsergebnis dieser dritten und auch der vierten Etappe des Experiments zusammen: Bei Beaufschlagung mit einer Schar angemessener (kollektiv verteilter, gleichgerichteter) Kräfte bildet ein System „beugender Finger" (rechtes Papp-Objekt), eine gewölbte Tragfläche aus, die dann so ein bisschen wie ein recht flacher Löffel aussieht. Sowohl das Beuge-Prinzip, als auch das Spreiz-Prinzip lässt sich mit einer „Kopier-Verschiebe-Verkleinerungs-Maschine" skalieren, rapportieren, superponieren. Beuge- und Spreiz-Prinzip sind miteinander kombinierbar. Das ist wunderbar, aber natürlich fragen Sie sich jetzt, was das soll.

Ach ja, der Apfel. Schauen sie ihn sich mal ganz genau an. Lecker. Was er wohl wiegt? Wir spielen: Männer, die auf Äpfel starren. Genau, sie ahnen es schon: das Gewicht ist vollkommen egal, denn es kommt nur auf die Handbewegung an, die ein durchschnittlicher Obstesser beim Betrachten eines Apfels in seiner Hand, macht. Denken Sie sich den Apfel weg. Nun bilden die menschlichen Finger ein „Pfötchen"; die Fingerspitzen beugen sich einander zu! Jetzt spreizen Sie die Hand; das erinnert Sie das an den „Gruß des ehrwürdigen Vaters in Rom" (in 5 Weltsprachen).

Surfen.

Das Wellenreiten (hawaiianisch: *he'e nalu,* englisch *surfing*) wird in der Regel an Küsten ausgeübt und besteht in einer gleitenden Bewegung über die Wasserfläche. In seiner ursprünglichen Weise ist das Surfen schon annähernd 4000 Jahre bekannt. In vorchristlicher Zeit (etwa 750 v. Chr.) brachen die Polynesier aus ihrer mythischen Urheimat Hawaiki auf, um den gigantischen pazifischen Siedlungsraum sicher zu befahren. Durch ihre Reisen verbreitete sich auch das Surfen in der Südsee. Die Blütezeit erlebte das ursprüngliche Wellenreiten auf den Inseln von Hawaii und war von hoher gesellschaftlicher Bedeutung. So waren etwa die Strände mit den größten und besten Wellen den Königen vorbehalten. Das Konstruktionsprinzip des Boards ist seit damals unverändert. Moderne Surfboards unterscheiden sich in Größe und Gestalt, weisen aber gemeinsame, sinnfällige Grundmuster auf. Die für Surfboards typischen und unterschiedlich ausgeführte Finne am Heck des Brettes sollen das Zielsystem unserer Überlegungen sein.

Zum Lateralplan eines Seefahrzeugs tragen alle fluidmechanisch wirksamen Flächen im Unterwasserbereich bei. Unter den Leit- und Steuertragflächen der Seefahrzeuge sind Surfboardfinnen die kleinsten Flächeneinheiten. Gleichzeitig stellen sie, abgesehen von der in Verdrängerfahrt projezierten Fläche des Surfboard-Halbtauchers selbst, den totalen Lateralplan dieser aufgleitenden, kleinen Seefahrzeuge. Damit kommt ihnen die Aufgabe zu, den wesentlichen Anteil der zum Manövrieren erforderlichen Querkraft zu erzeugen. Die Tragflächen der Surfbrettfinnen besitzen in der Regel symmetrische Profile.

In Fahrt bilden alle Leitflächen mit symmetrischem Profil genau dann einen fluiddynamisch wirksamen Tragflügel aus, wenn eine nichtaxiale Anströmung gegeben ist. Dies gilt insbesondere für Surfboardfinnen mit symmetrischem Profil im Manöver. Die aus dem hydrodynamischen Auftriebsgebaren der Surfbrettfinnen resultierende Querkraft wird in Fahrt und beim Traktieren genutzt. Surfboardfinnen vom Stand der Technik sind üblicherweise aus symmetrisch profiliertem Vollmaterial. Im Vergleich zu den, bei „normalen" Seefahrzeugen üblichen, Geometrien der Leit- und Steuertragflächen besitzen Surfboardfinnen eine fröhlich-dynamische Formensprache. Mit den Geometrien variieren auch die fluidmechanischen Eigenschaften mitunter erheblich. Für das Flügelende der Finnen, insbesondere den Randbogen (die Kontur des vom Surfbrettkörper abweisenden, freien Surfbrettfinnen-Flächenendes), sind unterschiedliche Formen bekannt. Verschafft man sich einen ersten Überblick am Markt, hat man den Eindruck, dass die Tragflügelkonturen der Finnen gewissen affektierten Moden oder angesagten Trends unterlägen.

Die Finne der übernächsten Generation

Wie wird sie nun aussehen, die Surfboardfinne der Zukunft? Und ergibt es überhaupt einen Sinn, dem Formen-Zirkus eine neue „Tanzmaus" hinzuzufügen? Sicherlich nicht. Falls es beim Design zukünftiger Surfboardfinnen zu signifikanten Änderungen kommt, werden die „Variationen des alten Themas Finne" oder die „Neuentwicklungen" in erster Linie funktionale Ursachen haben. Aber welche Funktionen sollten das sein, die von der Surferin, dem Surfer, folgerichtig in der übernächsten Generation von den Konstrukteuren eingefordert werden? Wir behaupten, dass es „biologische Funktionen" sind, die zukunftweisende Leit- und Steuertragflächen der näheren Zukunft aufweisen werden. Eine starke Forderung an biologische Systeme ist deren Resilienz. Unter Naturwissenschaftlern bedeutet Resilienz die Widerstandsfähigkeit gegenüber einer (System-) Störung, einer Krise und die Fähigkeit sich auf veränderte und verändernde Bedingungen einzustellen. Eigenschaften, wie Funktionalität und Vitalität sollen auch bei Anwesenheit von Stress und Störeinflüssen erhalten bleiben. Vulgär gesprochen ist Resilienz die Fähigkeit nach einer Havarie wieder auf die Beine zu kommen. Rasch, aber auch langfristig.

Michael Dienst, BIONIC RESEARCH UNIT Berlin, im Mai 2016

Resiliente, artifizielle Systeme sind robust, fehlertolerant, adaptiv und erleiden kein vollständiges Versagen bei plötzlichem physikalischem Impakt und in der Havarie. Das sind Eigenschaften, die wir von einem Seefahrzeug ohnehin erwarten. Resiliente Systeme sind (immer auch) einfach; ausserdem sind sie balanciert. Redundanz ist ein interessantes Kriterium; oder auch Schönheit und Eleganz. Die Frage ist nicht, ob Tragflügelsysteme der übernächsten Generation diese Eigenschaften besitzen werden. Daran besteht kein Zweifel. Die Frage ist, wie man sie macht. Als Konstrukteur.

Wir werden beginnen zu fragen, wie resiliente Artefakte zu gestalten sind, nach welchen Prinzipen kluge Leit- und Steuertragflächen für kleine Seefahrzeuge, Wake-, Kite- und Surfboardfinnen konstruiert werden um funktional optimiert und gleichzeitig anpassungsfähig, adaptiv um mit einer sich verändernden Umgebung zu Wechselwirken. Und wir werden die Fragen mit einem Blick auf die belebte Natur stellen, die im Laufe der biologischen Evolution auf dem größten denkbaren Experimentierfeld so wunderbar robuste, fehlertolerante, adaptive, ja resiliente Systeme, die „Wesen" hervorgebracht hat. Nicht sprechen werden wir über künstliche Intelligenz; wohlaber werden wir die Frage zu beantworten haben, wie sich Intelligenz „verkörpert" um Resilienz im Sinne von autonom, dynamisch aber passiv und autoadaptiver Performance zu fördern. Wir werden von intelligenter Mechanik (i-mech) sprechen, wenn ein mechanisches passives (Tragflügel-) System die Idee eines Manövers „erkennt" und dann autonom dieses Manöver ausführt ohne von einem Chip angesteuert zu werden. Die Energie der klugen Formänderung der Struktur stammt bei den Surfboardfinnen der übernächsten Generation aus dem umgebenden Fluid.

Intelligente Finnen werden belastungsadaptiv, selbststeuernd, aber passiv sein. Sie besitzen tragende innere, kontrolliert biegeelastische Skelette und eine schützend-duktile Außenhaut. Die intelligente Mechanik der belastungs-adaptiven Finnen wird von der belebten Natur gelernt haben, wie sich ihr Funktionskörper den Strömungskräften anformt, mit dem Ziel ein Maximum an Auftriebsleistung bei gleichzeitiger Widerstandsminderung vorteilhaft in Manövrierfähigkeit und Traktionsarbeit umzusetzen.

Hände

Aus einer technischen, systemischen Sicht skaliert und rapportiert unsere Hand, insbesondere das System der Mittelhandknochen (MetaCarpus)[1]

---

[1] Die Mittelhandknochen (*Ossa metacarpi*, MC) bilden die knöcherne Grundlage der Mittelhand. Es handelt sich um Röhrenknochen, die in eine Basis (*Basis metacarpi*), einen Körper (*Corpus metacarpi*) und den Richtung Fingerknochen gelegenen Kopf (*Caput metacarpi*) untergliedert werden. Aus https://de.wikipedia.org/wiki/Mittelhandknochen

„Getriebeelemente" nach dem oben beschriebenen Beuge- und Spreiz-Prinzip in einer räumlichen Anordnung. Diese rapportierte Anordnung ist sehr komplex. Die Karpometakarpalgelenke (die Verbindung der distalen Handwurzelknochen mit dem zweiten bis fünften Mittelhandknochen, *Articulationes carpometacarpales II–V*) werden beim Menschen nicht direkt dem Handgelenk zugeordnet. **Die Mittelhandknochen der Wirbeltierhand sind namensgebend für das Entwicklungsprojekt CARPO-Fin.**

Wie diese vermeintlichen Getriebeelemente angeordnet sind und wie sie miteinander Wechselwirken, bleibt zunächst einmal unter der Haut meiner Hand verborgen. Wohl ist eine Menschenhand auch kein naheliegendes bionisches Vorbild für einen Strömungskörper. Auf einer abstrakten Ebene finden wir jedoch ein Gestaltungsprinzip, das das kinematische Wesen der Mittelhand in einer speziellen Form und Interpretation (der oberen Extremitäten) des zweibeinigen Landlebewesens Mensch preisgibt. Lassen wir den Apfel in eine „ahnungslose" Hand fallen, erleben wir unmittelbar, dass dieses Getriebesystem auch ohne kognitive Rückmeldung (Sinne, Nerven und Gehirn) funktioniert und eine kluge kollektive Bewegung ausführt. Die von der Gewichtskraft des Apfels beaufschlagte Hand scheint das Objekt passiv und belastungsadaptiv zu umgreifen. Es handelt sich um eine verkörperte Klugheit, eine Eigenschaft, die das Wirbeltierskelett im Laufe der Jahrmillionen der biologischen Evolution erworben und behalten hat. Also wage ich – in Ermangelung einer unbelebten Hand als beweisführendes Referenzsystem – zu behaupten, dass es sich bei meiner, der menschlichen Hand um ein System handelt, das eindeutig Bezüge zu belastungsadaptiven Elementen mit „intelligenter Mechanik" aufweist.

Vielleicht versuchen wir die Frage der intelligenten Mechanik besser bei Biosystemen (Wesen) zu beantworten, deren Gliedmaßen sich professionell mit fluidischen Leit-, Steuer- Manövrier- und Antriebsaufgaben beschäftigen oder beschäftigt haben. Die nächste Etappe auf der Suche nach dem kinematischen Prinzip strömungsadaptiver Surfboardfinnen führt also folgerichtig ins Museum; genauer gesagt in das Naturkundemuseum Berlin. Ich werde bei dieser Gelegenheit nicht müde, ganz im Sinne des rezenten Forschungsvorhaben MuLAB der Bionic Research Unit in unserem Hause, den städtischen Zoo, den Tierpark und ganz generell das „Museum als ein Labor für maritime Zukunftstechnik" zu empfehlen. Gesucht, analysiert und entschlüsselt werden Exemplare und Sammlungsobjekte, die als Vorbild dienen können für Innovationen auf dem Gebiet der Seefahrzeuge. Dieserart wende ich mich nun der Delfinhand zu als <u>mein</u> bevorzugtes Beispiel für „intelligente Mechanik, i-mech" und als Beitrag zur Entwicklung von innovativen, zukunftstauglichen Surfbrettfinnen, also dem „Wesen der CARPO-Fin".

Wale

Eine große Zahl der Wesen, die im Wasser leben sind Wirbeltiere. Im Laufe der biologischen Evolution haben einige landlebende Säugetiere eine aquatische Lebensform entwickelt. Der Ambulocetus („laufender Wal") etwa, ist eine Gattung erster Wale (Cetacea) aus der Zeit des frühen Eozän (etwa vor 50 Millionen Jahren). Ambulocetus konnte sowohl laufen als auch schwimmen. An seiner Anatomie, die auf diese amphibische Lebensweise deutet, zeigen Paläontologen heute, dass sich Wale aus (wahrscheinlich eher kleinen) landlebenden Säugetieren entwickelt haben. Der Beckengürtel der nun in der weiteren evolutiven Entwicklung die Meere bevölkernden Säugetiere bildete sich schrittweise zurück. Die Extremitäten formten sich um und passten sich in ihren Funktionen der neuen, der aquatischen Lebensweise an. Arme und Hände wandelten sich zu Seitenflossen (Flipper), der gesamte Körper der Walartigen wurde stromlinienförmig und bildete neue Körperteile aus, wie beispielsweise Rückenflossen.

Wir sehen heute nur einen punktuell entschlüsselten Ausschnitt der evolutiven Entwicklung und die Ermittlungsziele der rezenten Forschung decken sich nur in seltenen Fällen mit jenen der an Anwendungen orientierten Bionik. Dennoch sind einige prinzipielle Hinweise extrahierbar. Die gesamte konstruktive Morphologie der modernen Wale und Walartigen ist eine ständige Referenz an die an das Landleben angepassten Vorfahren. So werden die Hände moderner Delfine nicht nur zum Manövrieren eingesetzt, sondern dienen auch als wichtige Tastorgane im sozialen und sexuellen Umgang mit Artgenossen.

Die Delfinhand ist das Extrembeispiel der funktionalen Ausdifferenzierung einer fluidmechanisch wirksamen Leit-, Steuer- und Antriebstragfläche aus dem ohnehin schon extrem komplexen Bewegungsorgan eines Landlebewesens heraus, welches im Laufe der biologischen Evolution eine aquatische Lebens- form (wieder-) angenommen hat.

Da die Präparate der Hände der Delfine und anderer Walartigen in den meisten Sammlungen anderen Zwecken dienen als der Analyse von Bewegungen und der Darstellung ihrer komplexen Kinematik, kommt der Extraktion des kinematischen Lösungs-Prinzips dieser biologischen Getriebe, der Entschlüs- selung des Wechselwirkungsgeschehens seiner Gelenkelemente und der Entwicklung einer technischen Interpretation des biologischen Prinzips eine gewisse (Bringe-) Bedeutung zu. Im Vorfeld der Gestaltung kinematischer

Surfboardfinnen mit intelligenter Mechanik, i-mech, sind funktionale, hier kinematische Lösungsprinzipien der avisierten Konstruktion zu diskutieren. Das Lösungsprinzip ist ja ein wichtiges Arbeitsergebnis der frühen Phase der industriellen Produktentwicklung.

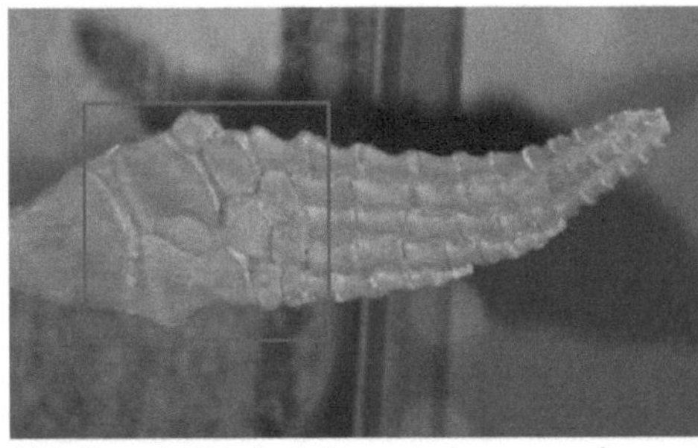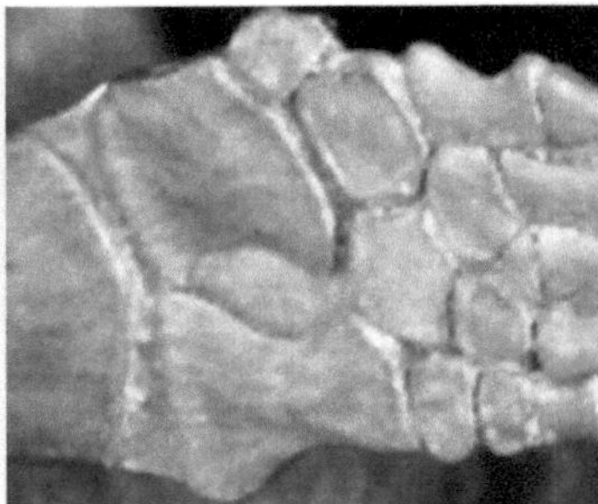

Abb.3 und Abb.4: Präparat einer „modernen" Delfinhand. Naturkundemuseum Berlin, Mi. Dienst 2013.

Vor einigen Jahren bestand im Rahmen eines Forschungs- und Entwicklungsprojekts mit einem Industriepartner für uns Mitarbeiter der Bionic Research Unit der Beuth Hochschule die Aufgabe der Gestaltung (und im Vorfeld des Vorhabens der Patentierung) einer beweglichen Stabilisatortragfläche[2] von Seefahrzeugen mit intelligenter Mechanik, i-mech. Nach einigen Projekten der erfolgreichen Forschungslinie i-mech formulierten wir ein formales Gestaltungsprinzip für Leit- und Steuertragflächen mit „nichtorthodoxer Beaufschlagungs-Bewegungs-Wechselwirkung (NOB-Fin) nach dem Vorbild biologischer Flossenstrahlen[3]. Es folgten weitere Vorhaben über Leit- und Steuertragflächen sowie Konstruktionen für Vorleitapparte von Axialpumpen nach dem Flossenstrahlenprinzip.

Betrachten wir es mal als einen merkwürdigen Zufall, dass die Entwicklung innovativer der Leit- und Steuertragflächen mit „intelligenter mechanik, i-mech" mit der Beschäftigung Analyse der Kinematik der Fischflossen[4] (NOB) seinen Anfang nimmt (ab 2000), in der Forschungslinie CARPO (ab 2011) seine

---

[2] Dienst, Mi. (2013) Strömungsadaptive und profilvariabel ausgeführte Stabilisatorleitfläche in Differentialbauweise zur Anmontage an Seefahrzeuge. (GM114) Gebrauchsmuster-NR: 20 2013 000 796.6, IPC: B63B 39/06

[3] Dienst, Mi. (2015). Das nichtorthodoxe Beaufschlagungs-Bewegungsgebaren von Fischflossen. GRIN-Verlag GmbH München, ISBN (eBook): 978-3-656-87544-4, ISBN (Buch): 978-3-656-87545-1.

[4] Dienst, Mi.(2013) About the nonorthodox behavior of fish fins. Intelligent Mechanics (i-mech) in Nature and Design, GRIN-Verlag GmbH München, ISBN (e-Book): 978-3-656-44190-8, ISBN (Buch) 978-3-656-44320-9.

Fortsetzung findet und nun rezent auf die Entwicklung strömungsadaptiver Surfboardfinnen führt.

Ein Instrument in der Forschungsarbeit der Bionic Research Unit der Beuth HS Berlin sind computerunterstützete Analysen sowohl elastischer Strukturen, als aus auch von Strömungsphänomenen. Numerische Modelle der gekoppelten Fluid-Struktur-Wechselwirkung existieren nur für ausgesuchte Randbedingungen. Hier wird es eine Entwicklungsaufgabe sein, im Rahmen zukünftiger Forschungsvorhaben eine Prozesskette zu entwickeln, die die Lösungen von Körperverformung (Finite Element Methode, FEM) und Strömungsgebiet (Computational Fluid Dynamics, CFD) in einem gemeinsamen Simulationsansatz unter den speziellen Bedingungen hochkomplexer dynamische Außenumströmung miteinander koppelt (Fluid Structure Interaction, FSI). Simulations- und Berechnungsergebnisse stellen die Basis für den Entwurf realer Strömungsbauteile dar. In Forschungsvorhaben zur „intelligenten Mechanik, i-mech" in Natur und Technik wurden anfangs biologistischen Hintergründe geklärt, an der Wirkungsweise von Fischflossen die prinzipielle Lösung für eine autoadaptive Tragfläche herausgearbeitet und erste intelligente Kinematiken entworfen (Forschungsprojekt FlowBow / Laufzeit 09/2004 bis 08/2005 [MIR-05]), die numerische Grundlagen erarbeitet (Forschungsprojekt „i-mech,", Laufzeit 10/2007 bis 04/2008 [Kreh-08][Kreh-08-1]) und einfache Systeme mit Fluid-Struktur-Wechselwirkung untersucht (Forschungsprojekt „Bionics and Morphological Computation (BMC)", Laufzeit 09/2008 bis 02/2010 [Sie-10][Sie-11]). Im Rahmen eines Kooperationsprojektes (HWB) wurden numerische Verfahren der Simulation strömungsadaptiver Profile weiterentwickelt (Forschungsprojekt „i-mech3", Laufzeit seit 02/2011 bis 08/2013 [Voss-12-1][Voss-12-2][Voss-13][Barg-11]) und in einem weiteren Forschungsprojekt auf Repellertragflächen für Wellsturbinen angewendet (Forschungsprojekt „AdaptivFoil" Laufzeit 05/2012 bis 10/2013 [Ost-13]). Gerade abgeschlossen ist ein Forschungsprojekt mit der Technischen Universität Berlin („FinTec" / Laufzeit seit 10/2013 bis 042016) das den Einsatz intelligenter Mechanik in Nachleitapparaten von Strömungskraftmaschinen behandelt.

Evolution der Flossen.

Die Beschreibung des Ursprungs und der Evolution der der Vertebraten (Wirbeltiere) ist keinenfalls lückenlos und hat in der Vergangenheit unter Experten immer wieder zu heftigen Diskussionen geführt. Neue Fossilien, die phylogenetische Analyse und verbesserte Methoden führen auf Entwicklungsmodelle, mit denen Körperfunktionen – und in unserem Fall interessieren

Körperkinematiken – verständlich gemacht werden können. Ein wichtiger Baustein im Verständnis der paarigen Extremitäten, insbesondere der „händigen", fluidmechanisch wirkungsvollen Flossen ist ihre semantische Verortung und Anordnung im Gesamtskelett der Wirbeltiere. Das Körperskelett hat die Funktion, die Eingeweide zu schützen, verschiedene Mineralien zu speichern, eine Serie fester gelenkiger (Skelett-) Elemente zu bilden und dem Körper eine gewisse Steifheit zu verleihen. Das zentrale organisatorische System, die Wirbelsäule, ist älter als jeder andere Teil des postcranialen Skeletts mit Ausnahme der Chorda dorsalis („Rückenseite"; von lat. *chorda* und *dorsum*), ist das ursprüngliche, mesodermale, innere Achsenskelett aller Chordatiere und ist für diese das namensgebende Merkmal).

Die Phylogenie der Gliedmaßenentwicklung der Wirbeltiere ist nicht vollständig. Es gibt Hinweise darauf, dass der ursprüngliche (aquatische) Vertebrat einen Saum von seitlichen Flossenpaaren beginnend bei den Kiemen bis in die hintere Körperregion entwickelt hat. Fossilbelege legen den Schluss nahe, dass moderne Fische das phylogenetische Konzept des Flossensaums ihrer Vorfahren übernommen haben. Experimente zur Induktion von Extremitäten an der Amphibienlarve weisen außerdem darauf hin, dass sich Gliedmaßen der Verdebraten immer dort bilden, wo (die kontinuierlichen) Flossenfalten postuliert werden.

Die (paarigen) Dorsal und Analflossen dienen der Stabilisierung des Wesens in Fahrt und verhindern, dass sich der Körper um die Vertikalachse (gieren) und die Longitudinalachse (rollen) dreht. Wahrscheinlich war der ursprüngliche (morphologisch-konstruktive) Zustand, dass jede Flosse innerhalb der Körperkontur durch eine Anordnung stabähnlicher aber anfangs segmentierter „Radialia" unterstützt wurde. Die segmentale Anordnung ging im Laufe der Evolution verloren. Die frühesten paarigen Flossen hatten eine breite Basis, so dass der Proximale teil (zum Körper hin) oft wesentlich größer als der distal gelegene (nach außen zeigend) war und Basale (aus der Basis hervorgehend) genannt wird. Die sichtbare Membran der Flossen wurde von dermalen Schuppen geschützt. Die flossen höher entwickelter fische wurden innen durch eine Reihe schlanker flossenstrahlen gestützt. Die Flossenstrahlen der Knorpel- und der Knochenfische unterscheiden sich von einander und werden von Schuppen abgeleitet. Später wurde di Basis der Flosse verkleinert, was ihre Beweglichkeit verbesserte. Die Basalia vergrößerten sich, ihre Anzahl wurde geringer und in den Rand der Flosse einbezogen.

Die Flossen der rezenten Fische bestehen aus einer Membrantragfläche (Flossenhaut), die durch Flossenstrahlen nichtisotrop stabilisiert ist. In der

Muskulatur werden die Flossenstrahlen mit Flossenstrahlträgern verankert. Die morphologische Konstruktion der Flosse stellt eine ausgewogene Kombination aus Steifigkeit und Flexibilität dar und ermöglicht dem Lebewesen eine fein abgestimmte hydrodynamischen Interaktion mit seiner Umgebung. Die Flossenstrahlen der Knochenfische werden nach Stachelstrahlen (hart) und Gliederstrahlen (weich) unterschieden. Hartstrahlen sind ungegliederte, meist glatte Knochenstückchen, Weichstrahlen bestehen aus zwei miteinander verwachsenen Hälften.

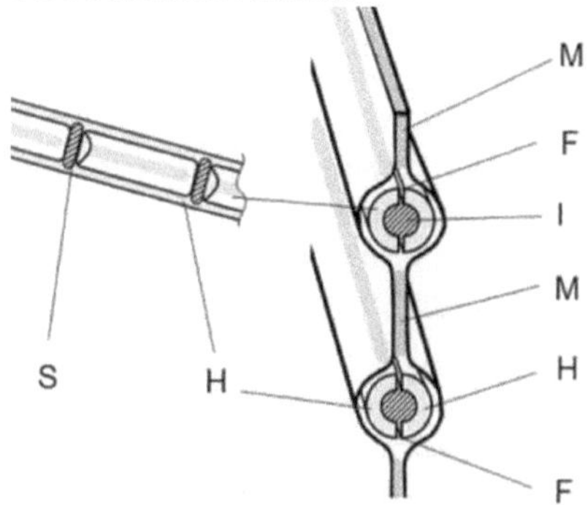

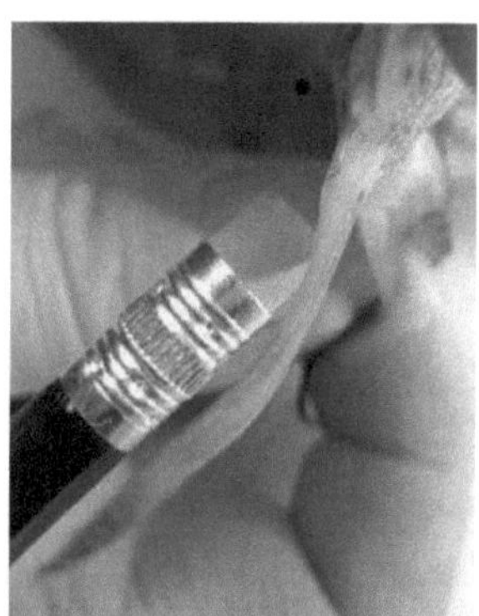

Abb.5 und Abb.6: Flossenmembran mit Flossenstrahlen (schematische Darstellung) Steg S, Halbtube H, Membran M, Fuge F und Inlet I. Abbildung rechts: Das nichtortho-doxe Beaufschagungs-Bewegungs-Gebaren einer Makrelenfinne.

Man muss sich die Flossenstrahlen der Fischflosse wie zwei in einem gewissen Abstand mit Stegen S verbundene, gegliederte Halbtuben H vorstellen. Das Halbtubensystem besitzt ein galertes Inlet I, das den Raum zwischen Halbtuben und Stegen füllt. Die Membran M ummantelt die Halbtuben, die an Fugen F bedingt aufeinander gleiten können; schematische Skizze in Abb.5. Fischflossenstrahlen sind bilaterale Strukturen. Die beiden Hälften eines jeden Strahls können aneinander gleiten. Die Verschiebebewegung erfolgt als Reaktion äußerer Belastung und/oder wenn die Basen des Flossen-strahlensystems die Flossen-muskeln an der Wurzel der Flossenstrahlen bewegt werden. Die umgebende Membran (Flossenhaut) bildet Taschen aus, welche die Halbtuben der Flossenstrahlen ummanteln und diese zu einem kompakten Quasi-Rundmaterial fügen und radial stabilisieren. An den Stegen S sind die beiden Halbtuben mechanisch miteinander verkoppelt. Membran mit

Membran-taschen und Tubensysteme, respektive Flossenhaut und Flossenstrahlen bilden eine dreidimensionale Tragfläche mit anisotropen Eigenschaften aus.

Die Fluid-Struktur-Wechselwirkung beim Impulsaustausch mit dem Fluid über die Membrantragfläche der Fischflosse, kann produktiv oder generativ sein. Bei einer produktiven Wechselwirkung arbeitet die Flossenmembran als Krafttragfläche und koppelt Energie aus der Strömung in die Membran ein. Bei einer generativen Fluid-Struktur-Interaktion wirkt die Flossenmembran als Arbeitsfläche und koppelt Energie aus der Struktur in das Fluid ein. Produktion und Generation können in einem zeitlich-örtlich ineinander verschränkten, komplexen Gesamtgeschehen stattfinden.

Anders als in der Technik, wo der Energie- und Informationsaustausch an Kraft- und Arbeitstragflächen vergleichsweise eindeutig beschrieben und zugeordnet werden kann, stellen sich biologische Tragflügelkonstruktionen als komplexe, zur Rückkopplung und zur Adaption fähige Multifunktionssysteme dar. Diese sind optimiert und in der Lage, ihre fluidische Umgebung zu kontrollieren, gestaltend auf sie einzuwirken und sie für ihre Transport- und Mobilitäts-belange zu konditionieren derart, dass das Lebewesen den zeitlichen Ablauf seiner Körperbewegung so auszuführt, dass der genezierte Wirbel die in seiner Umgebung vorgefundenen Struktur vorteilhaft ergänzt. Dabei haben Periodizität, Frequenz, Phase und Drehrichtung der von in einer Strömung zu einer Flossenmembran transportierten Wirbelgebilde erheblichen Einfluss auf die Qualität der Fluid-Struktur-Wechselwirkung mit der Flossenmembran.

Grundsätzlich sind Fische in der Lage, mit den Flossenmuskeln an der Wurzel der Flossenstrahlen aktiv die Krümmung jedes einzelnen Flossenstrahls zu steuern und damit die Krümmungsgeomertrie der gesamten Membran in einer sehr komplexen Weise zu formen. Die entscheidende kinematische Eigenschaft der Flossenstrahlen durchsetzten Flossenhautmembran, eine so genannte "nichtorthodoxe Belastungs- Verformungs-Wechselwirkung (NOB)" auszu-führen, beruht auf den in einem regelmäßigen Rapport durch Stege verbundenen und durch die Flossenhaut radial gebundenen Halbtuben-systemen. Unter einer horizontal zur Hauptachse des Wesens und damit senkrecht auf die Tubensysteme wirkenden Streckenlast führen die Flossenstrahlen eine elastische, konkave Verformung aus, deren Krümmung der Belastungsrichtung entgegengerichtet ist. Gewohnt, rein intuitiv einer so einfachen Balkenlast ein konvexes Ausweichen zuzuordnen, erscheint uns dieses konkave Belastungs-Verformungs-Regime auf den ersten Blick paradox. Ist der Impulsaustausch an der Membranoberfläche der Finne sehr groß, verhält sich das biologische System biegeflexibel, nachgiebig- elastisch und kann einer nichtaxialen Anströmung ausweichen. Die Beaufschlagungs- und Form-änderungs- Wechselwirkung korreliert mit der Richtung der beaufschlagenden Kraft im Sinne eines konventionellen Belastungs- Verformungs-regimes. Sich konventionell verformende Bauteile verhalten sich also mechanisch „orthodox". Im Normalbetrieb (technisch gesprochen: "Auslegungsbereich des Strömungsbauteils") zeigt die Fischflosse ein mechanisch nichtorthodoxes (NOB), ja paradoxes Verformungsgebaren: die eine der Krafteinleitungs-richtung entgegenwirkende Verformung realisieren paradoxe Beaufschlagungs- Formänderungs- Interaktionen. Die Erkenntnisse über das anatomische Design, die Funktionen und insbesondere über das Beaufschlagungs-Bewegungs-Gebaren der Fischflosse sind derzeit noch unvollständig.

Vom Wasser auf das Land.

Heute weiß man, dass sich Tetrapoden[5] im oder nahe dem Süßwasser entwickelt haben; mit ihren starken Flossen konnten sie Nahrung an Land finden und aquatischen Feinden entkommen. Fossilien amphibienähnlicher (panderichthyider) Fische und fischähnlicher (ichthyostegider) Amphibien lieferten Deutungsmodelle für die Entwicklung der Flossen hin zu einem für das Leben auf dem Festland geeignetem Bein. Die allmähliche Verwandlung der Flossen zu Gliedmaßen verlangte einen morphologischen Umbau, den Verlust der Flossenstrahlen und die Ausbildung von Fingern. Die Beine der tetrapoden haben eine Vielzahl von komplizierten Funktionen. Die Anhebung des Körpers verlangte eine laterale Ausrichtung des (frühen) Beins. Der Übergang aus dem Wasser an das Land ist Gegenstand der einschlägigen Literatur. Einer breiten Öffentlichkeit wurde die Geschichte des Gestaltwandels durch den Fund (1986) des „Tiktaalik roseae" der tatsächlich schon ein Handgelenk (wrist) besaß und das wunderbare Buch „Your inner Fish" des amerikanischen Paläontologen Neil Shubin[6] zugänglich. Die Knochen des Handgelenks bilden den Carpus. Die unterschiedlichen Skelettmuster der Tetrapodenhände variieren die ursprünglichen Muster durch Weglassen und Verschmelzen. Diese Vorgänge werden aus Untersuchungen der Embrionalentwicklung (rezenter) Wesen

---

[5] Tetrapoda (*tetra* ‚vier' und *pod-* ‚Fuß') fasst in der biologischen Systematik die Wirbeltiere zusammen, die vier Gliedmaßen (Extremitäten) haben. Zu diesen Vierfüßern gehören die Amphibien (Amphibia), die Reptilien (Reptilia), die Vögel (Aves) und die Säugetiere (Mammalia) einschließlich des Menschen. Es zählen etwa 26.700 Tierarten zu den Tetrapoden. Nach: https://de.wikipedia.org/wiki/Landwirbeltiere

[6] Neil Shubin (2009). Your Inner Fish: A Journey into the 3.5-Billion-Year History of the Human Body, Vintage Verlag. ISBN-10: 0307277453, ISBN-13: 978-0307277459

abgeleitet. Das Skelett der Wirbel-tierhände bildet sich aus knorpeligen Elementen innerhalb der sich entwickelnden Gliedmassenknospe.

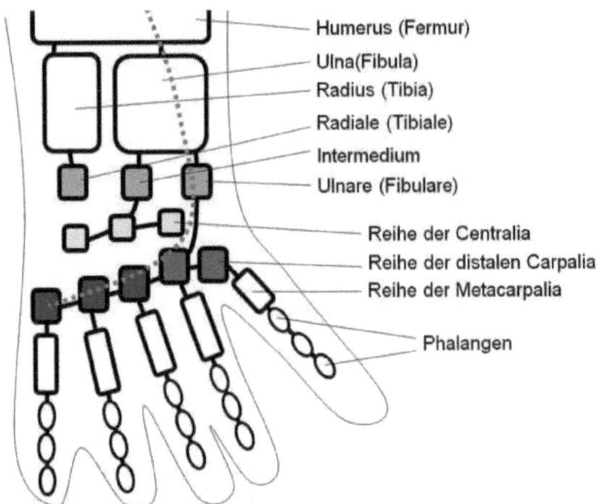

Abb.7: Organisation und Prinzip der Entwicklung des Extremitätenskeletts der Tetrapoden. Schematisch nach Schubin: ontogenetische Entwicklungsachse gepunktet gezeichnet.

Die Elemente entstehen in einer Reihenfolge (Linie blau gestrichelt) von proximal nach distal aus Vorläuferelementen, die dem Weg folgen, der durch schwarze Linien dargestellt ist. Wichtig in diesem Zusammenhang ist die (relativ neue) Erkenntnis, dass die Finger der Wirbeltierhand nicht durch eine Umwandlung postaxialer Radialia (der evolutionsgeschichtlich vorausgehenden Fischflossen) entstanden. Vielmehr sind Finger eine Neuerfindung der Tetrapoden. Nicht ganz klar ist, warum wir (Tetrapoden) fünf Finger an jeder Hand haben. Die frühen Amphibien variierten das Grundmuster und experimentierten mit mehr als fünf Fingern. Es ist allerdings keine Stammeslinie die zu modernen Tieren führt bekannt, die nicht das Konzept fünffingriger Hände vertritt.
Die Skelettbaupläne der (Fuß- und der) Handwurzel der Wirbeltiere variieren ein gemeinsames Grundmuster; Gestaltänderung erfolgt insbesondere durch Skalierung und Reduktion. Bei modernen Vögeln (und ihren vermeintlichen Vorfahren, den Sauriern) sind die Variationen der Handwurzelknochen am weitesten fortgeschritten.

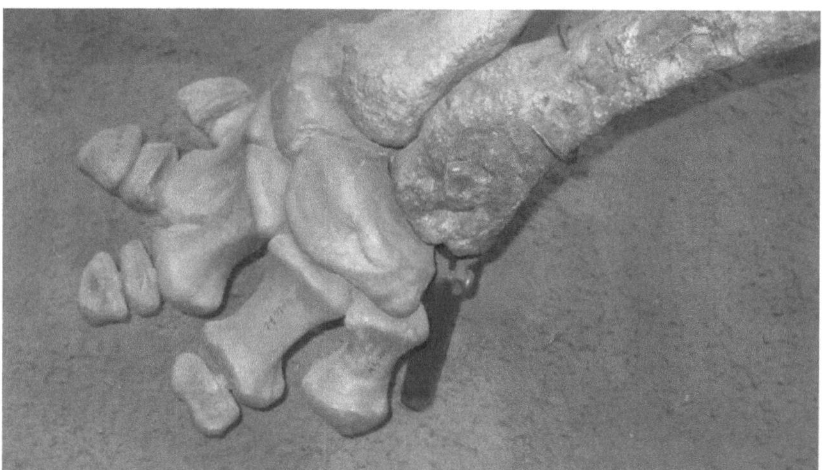

Abb.8: Präparat eines Saurierfußes (Kentrosaurus). Naturkundemuseum Berlin,
Mi. Dienst 2013.

Die Skizze Abb.7: zeigt schematisch das Entwicklungsprinzip des Extremitäten-skeletts der Tetrapoden, Abb.8 einen Teil der hinteren Extremität eines Kentrosaurus. Werden im Grundmuster der Wirbeltierhand (~Fuß) noch jeder einzelne Finger (~Zeh) explizit aus der Reihe der distalen Carpalia der Mittelhand bedient, setzen beim Saurierfuß Ulna (Fibula) und Radius (Tibia, oben und Mitte rechts, Abb.8) nur auf wenige degeneriert verbliebene Mittelhandelemente auf. Die Abbildung Abb.9 zeigt die Hand eines rezenten Semi Aquatiaten (Seelöwen) und macht das besondere Problem bei der Präparation des Mittelhandknochensystems höherer Säugetiere deutlich: in den permanenten Sammlungen der Museen stößt die Darstellung komplexer Knorpel-Sehnen-Knochen-Kollektive in aller Regel auf technische Grenzen. Wir sehen: Ulna und Radius (oben und Mitte links, Abb.9) sind schlank und finden – sehr ähnlich der menschlichen Hand - einen hoch-differenzierten kinematischen Anschluss an das Mittelhandknochen-system; die fünf beweglichen Finger besitzen drei Segmente.
Auf den ersten Blick scheinen Arme und Hände des Menschen wenig mit den Brustflossen der Fische verwandt. Doch auch hier erscheint eine Variation des generalen Grundmusters der Verdebratenhand. Das Handgelenk des Menschen wird von den Morphologen schematisch als ein verzahntes Scharniergelenk (*Articulatio ginglymus*) beschrieben. Wegen seiner räumlich gewölbten Form

und bedingt durch Bänder und Gelenkkapseln ist die Beweglichkeit begrenzt. Die Interkarpalgelenke (*Articulationes intercarpales*) bezeichnen die gelenkigen Verbindungen der Handwurzelknochen einer Reihe untereinander.

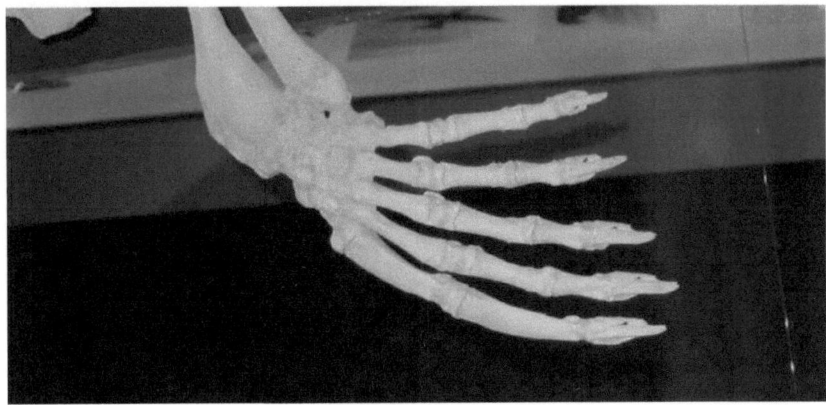

Abb.9: Präparat einer Seelöwenhand. Naturkundemuseum Berlin, Mi. Dienst 2013.

Sie sind so genannte Wackelgelenke (*Amphiarthrosen*), die durch zahlreiche Bandzüge versteift und kaum beweglich sind. Die Karpometakarpalgelenke bezeichnen die Verbindung der distalen Handwurzelknochen mit dem zweiten bis fünften Mittelhandknochen (*Articulationes carpometacarpales*). Beim Menschen werden sie nicht direkt dem Handgelenk zugeordnet, bei Tieren jedoch stets zum Vorderfußwurzelgelenk gerechnet.

Vom Land zurück ins Wasser
Die Skelette der Vordergliedmaßen der Wale (Cetacea) und Walartigen tragen den typischen Aufbau der Säugerhand. Der Oberarm ist kompakt, Fibula und Tabia sind verflacht. Die Finger sind verschieden lang, tragen 4 bis 12 Segmente und können sogar innerhalb eines Individuums unterschiedlich sein. Bei einigen arten werden die Mittelhandknochen überhaupt nicht ausgebildet. Der Differenzierungs- und Formbildungsprozess der Hände der Wale und Walartigen kann je nach Art weit in das Erwachsenenalter reichen. So finden wir in den Sammlungen ein heterogenes Bild der Walhände vor: von verknorpelten Elementen um ein verknöchertes Zentrum herum bei jüngeren, bis zu vollkommen verknöcherten Systemen und verwachsenen Ober- und

Unterarm bei alten Tieren. Die modernen Wale entwickelten sich vor 30-40 Millionen Jahren. Entwicklungsmorphologen sind sich heute nicht mehr so ganz sicher, ob primitive Huftiere des Eozäns die Urväter modernen Wale (Cetacea) und Walartigen waren. Neuste Untersuchungen legen die Vermutung nahe, dass Fleisch fressende Urhuftiere, die in ihrer Gestalt Wölfen ähnelten, zur Jagt mehr und mehr Küstengewässer, Flussmündungen und das Meer aufsuchten und eine aquatiate Lebensform annahmen. Der früheste bekannte Urwal (Pakicetus) lebte vor etwa 53 Millionen Jahren. Sein Schädel weist (noch) große Gemeinsamkeiten mit denen der Landtiere auf. Nach und nach wandelt sich im Laufe einer einzigartigen Evolutionskampagne das Skelett des Säugetiers und es entwickelt eine stromlinienförmige Körperkontur, der Verlust seines Haarkleides geht einher mit der Ausbildung der wärmedämmenden und strömungselastischen Speckschicht (Blubber), die Vordergliedmaße bilden sich zu Flossen (Flippers) um, Hintergliedmaße und Beckengürtel bilden sich zurück. Fluke und Finne sind Neuerfindungen in der Phylogenie der Meeressäuger. Die letzten Urwale verschwinden vor rund 30 Millionen Jahren und sehr rasch entwickeln sich die modernen Wale mit den beiden Unterordnungen der Barten- und Zahnwale.

Der kleine Exkurs in die Wunderwelt der Wirbeltierhand hinterlässt uns verblüfft und voller Respekt vor der funktionalen Kompliziertheit dieser biologischen Multiplex-Getriebe. Aufgabe der Bionik wird nun sein, über abstrakte Lösungsprinzipien für performante, technische Lösungen zu spekulieren. Und bei einer Spekulation (von lat. *speculari* spähen, beobachten) muss es in einem ersten Hub der Entwicklung von Kraft- und Arbeitstragflächen nach dem Vorbild der Verdebratenhände leider auch bleiben. Die vorangegangenen Ausführungen zeigen deutlich, dass wir weder über genügend bewegliche Präparate, im Sinne biologisch-kinematischer Funktionsdemonstratoren, verfügen, keine Computermodelle besitzen, noch die Arbeitsergebnisse anderer Disziplinen, etwa der analytischen Biologie oder der Paläontologie in einer für eine Übertragung in Technik geeigneten Form vorliegen.

So zumindest stellt es sich heute da. Das ist keineswegs als Kritik an den naturwissenschaftlichen Disziplinen zu verstehen, sondern als Aufforderung eine offensichtliche Lücke im Erkenntnisgebäude durch Erforschung der biologischen Phänomene einerseits und der gestalterischen Grundlagen auf der Seite der Technikwissenschaften zu schließen. Die Materie ist unübersichtlich und das größte Arbeitspacket liegt vor der Tür der Ingenieure. So ist beispielsweise das Beaufschlagungs-Bewegungsgebaren räumlicher Komplexgetriebe aus diskreten Gelenken und strukturelastischen Elementen wenig

Michael Dienst, BIONIC RESEARCH UNIT Berlin, im Mai 2016

erforscht. Die Kinematik der Wirbeltierskelette werden wir erst in vereinfachten Modellen verstehen.

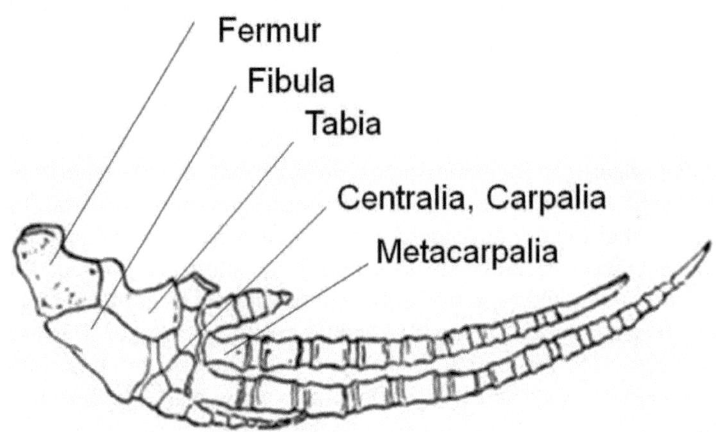

Abb.10: Hand eines Schweinswals in schematischer Darstellung; nach: Seeley, H. G. (2011) Dragons of the Air, An Account of Extinct Flying Reptiles, ISO-8859-1. In: https://archive.org/details/cu31924003932591.

Auf der Seite der avisierten biologischen Vorbildern für räumliche Getriebe herrschen beschreibende, ordnende, und in erster Linie qualitative Analyseergebnisse vor. Im gerade erwachsendem Biomedical Engineering dient die Simulationssoftware AnyBody[7] zur Analyse dynamischer Körpermodelle, inklusive Muskelelemente, elastischer Energien in Sehnen, antagonistischer Muskelreaktion und anderer muskulo-skelettalen Simulationen bislang ausschließlich humanoider Körper. Eine Survey-Studie ergab, dass derzeit die Simulation der Kinematik der Mittelhandknochensystems nicht oder nur in extrem vereinfachenden Modellen möglich ist. Die Bioniker warten ohnehin ungeduldig auf das Programmsystem AnyAnimal[8]. Die prinzipielle Kinematik der Wirbeltierskelette werden wir aber in vereinfachten Modellen verstehen. Die Graphik Abb.11 versucht eine erste Schematisierung des Komplexgetriebes

---

[7] AnyBody Modelling System™ zur Analyse dynamischer Körpermodelle http://www.anybodytech.com/
[8] AnyAnimal ist frei erfundene Software zu Simulation rezenter und bereits ausgestorbener Lebewesn.

der Wirbeltier-Mittelhand. Mit einer abstrakten Sichtweise lassen sich prinzipielle Getriebeanordnungen extrahieren.

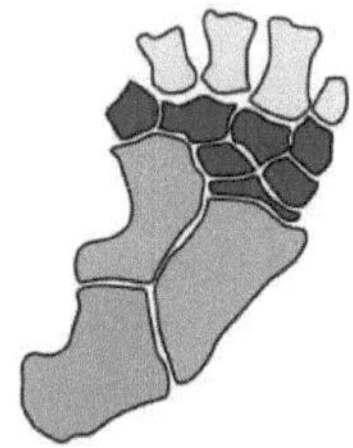

Abb.11: Schematisierung der Meeressäuger-Hand: Metacarpala (gelb); Centralia, Carpalia (rot); Fibula, Tabia (grün); Fermur (grau), links im Bild. Syntaktische Elemente und ableitbare Gelenkprinzipien (rechts im Bild).

Abschließende Betrachtung

Die die Fahrt und das Manövrieren beeinflussenden Surfboardbewegungen werden benannt: das Rollen oder Schlingern (ROLL, Rotation um die X-Achse), das Stampfen (PITCH, Rotation um die Y-Achse) und das Gieren (YAW, Rotation um die Z-Achse), die der Fortbewegung überlagerte translatorische Boardbewegung in X-Richtung 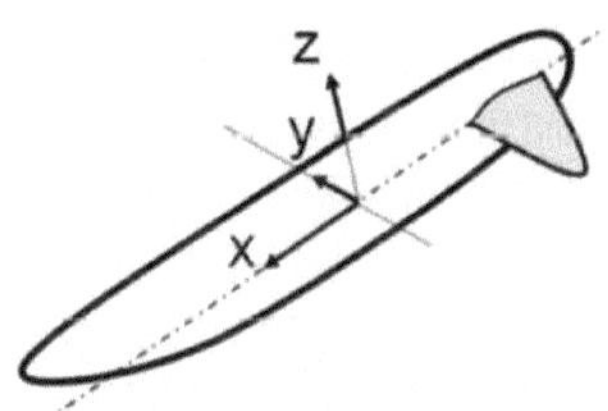 (SURGE), die translatorischen Seitenverschiebung in Y-Richtung (SWAY), das aus diesen Bewegungen zusammen-gesetzte Driften und die Hebebewegung in Z-Richtung (HEAVE). Die Idee der CARPO-Finne ist eine durch fluidische Beaufschlagung herbeigeführte strömungsgünstige Tragflächenverformung. Natürlich soll der Betrieb einer CARPO-Finne gegenüber einem Produkt vom Stand der Technik bevorteilt sein. Aber was wissen wir überhaupt über sich unter Last verformende Strukturen? Werkstoffe, Bauweisen, Topologie, Form und Dimensionierung werden von einem Konstrukteur nach Optimalkriterien (Minimum, Maximum) bewertet und ausgewählt: Funktion und Festigkeit, Formhaltigkeit, Sicherheit, Lebensdauer, Schadensfreiheit oder Schadenstoleranz und Verträglichkeit gegenüber dem umgebenden Milieu, z.B. Umweltbelange. Bei Seefahrzeugen sollte in Zukunft das Resilienzkriterieum gewichtet werden, der Frage nach Robustheit und Anpassungsfähigkeit eines technischen

Michael Dienst, BIONIC RESEARCH UNIT Berlin, im Mai 2016

(artifiziellen) Systems. Der Grundsatz der Konstrukteure und Designer, eine Konstruktion in allen Teilen auszudimensionieren hat nur Sinn, wenn die Optimierungsbelange als vollständig befriedigt (oder gänzlich außer Acht gelassen) eingestuft werden. Von diesem Paradigmen werden wir im Folgenden (kontrolliert) abweichen. Der bei fluidmechanisch wirksamen Bauteilen unerlässliche Nachweis statischer und dynamischer Festigkeit, Werkstoffkontrolle und Fertigungspräzision wird natürlich auch von einer CARPO-Finne zu fordern sein, aber letzten Endes handelt es sich doch um ein „den Strömungskräften überlassenes" Bauteil, eine Konstruktion mit der wir noch keine Erfahrungen sammeln konnten und von der wir sehr wenig wissen. Die Strömungsbeaufschlagung, der physikalische Impact, wird von einem Bauteil mit „intelligenter Mechanik (i-mech)" nicht erlitten, sondern - in gewisser Weise parasitär - gebraucht, um einen kontrollierten Kontur-, Gestalt- und Funktionswandel des Bauteils herbeizuführen. Das ist ganz sicher innovativ, zukunftstauglich aber mit der Erfahrung fehlt uns für eine derartige Bauteileigenschaft noch die passende Semantik; das ist sicher von Nachteil. Betrachten wir die folgenden Ausführungen als Experiment.
Elastische Bauteile, die sich mechanisch orthodox verhalten, verformen sich in Richtung der beaufschlagenden Kraftwirkung. Die Gestalt orthodox verformter Flächentragwerke ist konvex deformiert gegenüber der nicht beaufschlagten Form. In manchen Fällen können die fluidmechanischen Eigenschaften einer eine derart deformierten Leit- und Steuertragfläche vorteilhaft und erwünscht sein, beispielsweise als Überlastsicherung. Häufiger jedoch liegt die Gestaltungsabsicht auf einem sich selbst verstärkenden Effekt. In diesen Fällen sollen die elastischen Bauteile des Unterwasserschiffs ein nicht-orthodoxes Beaufschlagungs-Verformungsgebaren aufweisen. Die Gestalt einer nicht orthodox verformten Tragfläche ist konkav deformiert gegenüber der nicht beaufschlagten Form. Die Tragflügeldeformation ist zunächst unabhängig von den Strömungsbelangen einer konvex oder konkav deformierten Tragfläche und der fluidmechanischen Eigenschaften ihrer (deformierten) Profilkonturen zu betrachten.
In der Regel existiert eine, die Phasen der industriellen Produktentwicklung (PE) begleitende, immer weiter verfeinerte und letztlich detailliert ausgearbeitete Konstruktion (CAD), die nach den Prämissen der Simulations-Software (Datenformate) und den Betriebs- und Randbedingungen eines möglichst realitätsnahen Szenario (Belastungen, Einspannbedingungen, usw.) in ein FEM-Berechnungsprogramm (Finite Element Methode, FEM) übertragen wird. Es gibt im Ingenieurbereich mehrere grundsätzliche und voneinander

unterschiedene Herangehensweisen. Die Berechnung erfolgt zu unterschied-
lichen (meist aber eher späten) Phasen der Produktentwicklung. Arbeits-
ergebnis sind Aussagen über das Festigkeits- und Verformungsgebaren des
Bauteils und die Spannungs-verteilung im Innern der Struktur. Die
Informationen fließen zurück in den Gestaltungs- und Entwicklungsprozess. Die
Verwertbarkeit der Ergebnisse ist abhängig von der Modellaufbereitung.

Bibliographie, weiterführende Literatur, Patente und Internet-Links

[Albe-09]   Alben, S. (2009) On the swimming of a flexible body in a
            vortex street. in J. Fluid Mech. (2009), vol. 635, pp. 27–45.
            Cambridge University Press 2009

[Albe-06]   Alben, S., Madden, P.G., Lauder, V.L. (2006) The mechanics of
            active fin-shape control in ray finned fishes. Journal of the Royal
            Society. Interface Vol.: 2007/4, S. 243-256.

[Ande-99]   Anderson, J.M. (1999) NEAR-BODY FLOW DYNAMICS IN
            SWIMMING FISH, The Journal of Experimental Biology 202, 2303–
            2327 (1999)

[Antm-05]   Antman S.S. (2005) Nonlinear problems of elasticity. 2nd edn.
            Springer; New York, NY.

[Batc-67]   Batchelor G.K. (1967) An introduction to fluid dynamics, 1st edn.
            Cambridge University Press; Cambridge, UK.

[Bann-02]   Bannasch, Rudolph. (2002) Vorbild Natur. In: design report 9/02,
            S.20ff. Blue.C Verlag Stuttgart.

[Bapp-99]   Bappert, R. Bionik, (1999) Zukunftstechnik lernt von der Natur.
            SiemensForum München/Berlin und Landesmuseum für Technik
            und Arbeit (Herausgeber).

[Barg-11]   Bagaric, B. (2011). Modellierung, Simulation und Parametrisierung
            eines virtuellen Strömungskanals mit dem Programmsystem FS-
            Flow. Untersuchung typischer Szenarien endlicher Traglügel.
            Bachelorarbeit a.d. BeuthHS Berlin (082011).

[Bech-93]   Bechert, D.W.: Verminderung des Strömungswiderstandes durch
            bionische Oberflächen. In: VDI-Technologieanalyse Bionik, S. 74 –
            77. VDI-Technologiezentrum Düsseldorf 1993.

[Bech-97]   Bechert, D.W., Biological Surfaces and their Technological
            Application. 28th AIAA Fluid Dynamics Conference: 1997

[Curr-25]   Curry, M. (1925) Die Aerodynamik des Segels und die Kunst des
             Regatta-Segelns. Diessen vor München: Jos. C. Huber, 1925.

Floc-09]   France Floch,F. Laurens, J.M. (2009) Comparison of
             hydrodynamics performances of a porpoising foil and a propeller.
             in: First International Symposium on Marine Propulsors smp'09,
             Trondheim, Norway, June 2009

[Gopa-94]   Gopalkrishnan, R.(1994) Active vorticity control in a shear flow
             using a flapping foil. in J. Fluid Mech. (1994), vol. 274, pp. 1-21
             Cambridge University Press.

[Hild-01]   Hildebrand, M., Goslow, G.E., (2001) Vergleichende und
             funktionelle Anatomie der Wirbeltiere. Springer Verlag Berlin, N.Y.

[Liao-03]   Liao, J.C.; Beal, D.; Lauder, G.; Triantayllou, M. (2003): Fish
             Exploting Vortices Decrease Muscle Activty, In: Science 2003, S.
             1566-1569. AAAS.

[Liao-06]   Liao, J.C.; Passive propulsion in vortex wakes. in J. Fluid Mech.
             (2006), vol. 549, pp. 385–402. c_ 2006 Cambridge University Press

[Kreb-08-2] Krebber, B.: "i-mech". Untersuchung der intelligenten Mechanik
             von Fischflossen mit Hilfe von FSI- Simulation. Forschungsbericht
             der Technischen Fachhochschule Berlin 2007/08

[Kreb-08-1] Krebber, B., H.-D. Kleinschrodt und K. Hochkirch: (2008) Fluid-
             Struktur-Simulation zur Untersuchung intelligenter Mechanik von
             Fischflossen. ANSYS Conference & 26. CADFEM Users´ Meeting,

[McCu-70]   McCutchen C.W. (1970) The trout tail fin, a self-cambering
             hydrofoil. J. Biomech. 1970/3, S. 271–281.

[Nach-98]   Nachtigall, W.: Bionik. Grundlagen und Beispiele für Ingenieure
             und Naturwissenschaftler. Springer-Verlag, Berlin-Heidelberg-New
             York 1998.

[Nach-00]   Nachtigall, W.; Blüchel, K. Das große Buch der Bionik. Stuttgart:
             Deutsche Verlags Anstalt: 2000.

[Mirs-05]   Mirtsch, F.; Dienst, M.: FlowBow-Artifizielle adaptive
             Strömungskörper nach dem Vorbild der Natur. In:
             Forschungsbericht der Technischen Fachhochschule Berlin 2005

[PaBe-93]   Pahl. G.; Beitz, W.: Konstruktionslehre, 3.Auflage. Berlin-
             Heidelberg- New York-London-Paris-Tokio: Springer 1993

[Pfeif-07]   Pfeiffer,Rolf; Bongard, Josh (2007): How the body shapes the
             way we think, The MIT Press

[Read-02]   D.A. Read (2002) Forces on oscillating foils for propulsion and
maneuvering, in Journal of Fluids and Structures 17 (2003) 163–
183 Cambridge University Press

[Rech-94]   Rechenberg, Ingo, (1994) Evolutionsstrategie. Frommann Holzboog
Verlag Stuttgart- Bad Cannstatt.

[Sege-87]   Segel L.A. (1987) Mathematics applied to continuum mechanics.
1st edn. Dover Publications; New York, NY.

[Siew-10]   Siewert, M; Kleinschrodt, H-D; Krebber, B; Dienst, Mi. (2010) FSI-
Analyse auto-adaptiver Profile für Strömungsleitflächen. In:
Tagungsband, ANSYS Conference & 28th CADFEM Users' Meeting
Aachen 2010.

[Siew-11]   Siewert, M; Kleinschrodt, H-D.(2011) Bionical Morphological
Computation. In: Nachhaltige Forschung in Wachstumsbereichen
Bd.1, Logos Verlag Berlin.

[Stre-96]   Streitlien, K. (1996) Efficient foil propulsion through vortex control,
Aiaa Journal - AIAA J , vol. 34, no. 11, pp. 2315-2319, 1996

[Tria-95]   Triantafyllou, M. (1995): Effizienter Flossenantrieb für
Schwimmroboter, Spektrum der Wissenschaft 08-1995, S. 66–73,
Wiss. Verlagsges. mbH, Heidelberg 1995.

[Tria-95]   Triantafyllou, M., Triantafyllou, G. (1996): An Efficient Swimming
Machine. Scientific American, March 1996. p.64-70.

[Tria-02]   Triantafyllou, M. (2002) Vorticity Control in Fish-like Propulsion
and Maneuvering, INTEGR. COMP. BIOL., 42:1026–1031 (2002)

[Die12-US] Dienst, Mi. (2012) COMPONENTS DESIGNED TO BE LOAD-ADAPTIVE.
US-Pat. 13/517,181 (based on PCT/DE2010/075164, 19062012).

[Die12-WO] Dienst, Mi. (2012) COMPONENTS DESIGNED TO BE LOAD-ADAPTIVE.
WO: PCT/DE2010/075164 (based on PCT/DE2010/075164,
19062012).
IPC: B63H (2012.01)

[Die12-EU] Dienst, Mi. (2012) COMPONENTS DESIGNED TO BE LOAD-ADAPTIVE.
EU-Pat. 10809144.8 (based on PCT/DE2010/075164,).

[Die12-DE] Dienst, Mi. (2012) Belastungsadaptiv ausgebildete Bauteile. Dt.
Patent PTC/DE2010/075164, EP: 10809144.8, Offenlegung.
22062011

Bildnachweise

Abb. 1: Testobjekte aus Pappe. Mi. Dienst (2016)
Abb.2: Präparat einer „modernen" Delfinhand. Naturkundemuseum Berlin, Mi. Dienst (2013).
Abb.3 und Abb.4: Präparat einer „modernen" Delfinhand. Naturkundemuseum Berlin, Mi. Dienst (2013).
Abb.5: und Flossenmembran mit Flossenstrahlen (schematische Darstellung) Steg S, Halbtube H, Membran M, Fuge F und Inlet I.
Abb.6: Das nichtorthodoxe Beaufschagungs-Bewegungs-Gebaren einer Makrelenfinne. Mi. Dienst (2013).
Abb.7: Organisation und Prinzip der Entwicklung des Extremitätenskeletts der Tetrapoden. Schematisch nach Schubin: ontogenetische Entwicklungsachse gepunktet gezeichnet. Mi. Dienst (2016)
Abb.8: Präparat eines Saurierfußes (Kentrosaurus). Naturkundemuseum Berlin, Mi. Dienst (2013).
Abb.9: Präparat einer Seelöwenhand. Naturkundemuseum Berlin, Mi. Dienst (2013).
Abb.10: Hand eines Schweinswals in schematischer Darstellung; nach: Seeley, H. G. (2011) Dragons of the Air, An Account of Extinct Flying Reptiles, ISO-8859-1. In: https://archive.org/details/cu31924003932591.
Abb.11: Schematisierung der Meeressäuger-Hand: Metacarpala (gelb); Centralia, Carpalia (rot); Fibula, Tabia (grün); Fermur (grau), links im Bild. Syntaktische Elemente und ableitbare Gelenkprinzipien (rechts im Bild). Mi. Dienst (2016).